KB107659

Jejuyoga

제주에서 요가를 합니다

내 몸이 제주의 자연을 만나는 순간

신소야 지음

버튼북스

Contents

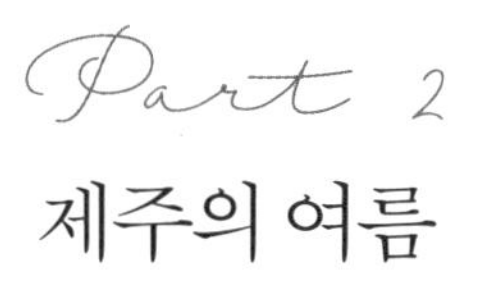

제주의 여름 움직이기

여름의 요가 | 힘STANDING

Part 3
제주의 가을 즐기기

가을의 요가 | 균형BALANCING

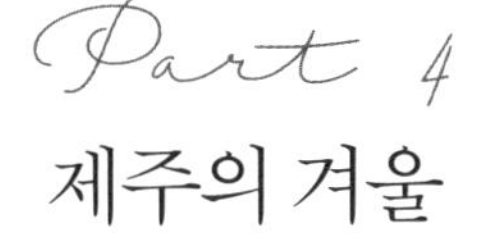

제주의 겨울
인 내 하 기

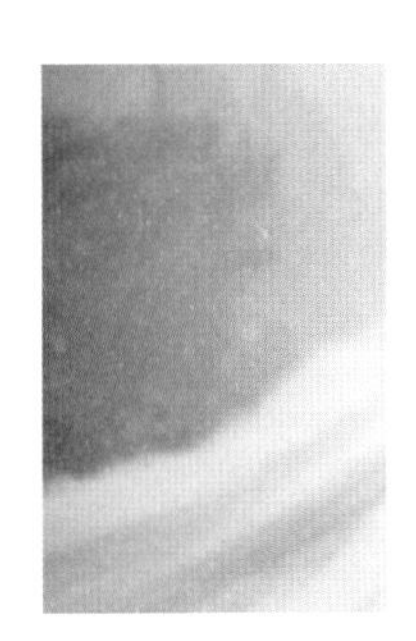

겨울의 요가 | 단련DAILY TRAINING

마흔, 제주도민이 된 지 어느덧 6년 차.
그 사이 제주는 누구나 한 번쯤 살아보고 싶은 곳으로 변했습니다. 유행처럼 번지는 제주 한 달 살기와 제주 이주는 여전히 이슈입니다. 나는 '제주살이'를 꿈꾸는 이들의 이상과 현실 그 사이에 살고 있다고 해야 할까요? 살아가면서 겪는 기쁨과 슬픔, 행복 속에 외로움처럼 수시로 변하고 흘러가는 감정들 그 안에서 나는 조금씩 성숙한 어른이 되어가고 있는 듯합니다.

제주살이 1년 차는 제주의 언어와 문화에 적응하느라 분주했지만, 맑은 공기와 자연에 매료되어 하루가 어찌 가는지 모르고 지냈습니다. 높은 빌딩 사이 환기도 제대로 되지 않는 지하 피트니스클럽에서 직장생활을 하면서는 느끼지 못했던 기분이었어요. 우리 집 거실 창문 너머 보이는 한라산도, 차로 10분 거리면 만날 수 있는 바다까지 모든 게 새롭고 아름다웠죠. 사면이 바다인 덕분에 동서남북 어디서든 제주 바다를 감상하며 그렇게 신혼생활을 시작했습니다. 봄여름가을겨울 사계절이 지나면서 자연스럽게, 아주 조금씩 제주도민으로 적응해가면서 말이죠.

2년 차에는 드디어 꿈꾸어 오던, 내 이름을 건 운동재활전문센터를 오픈했습니다. 그 때의 감동은 아직도 생생합니다. 내가 아는 모든 것을 총동원해서 일하기 시작했습니다. 아침부터 저녁까지 트레이너 네다섯 명이 해야 할 분량의 일들을 혼자서 해내면서요. 그 결과 회원 한 명에서 시작해 150명 정도의 개인레슨(P.T) 회원과 그룹수업

(G.X) 회원이 생겼어요. 1년 만에 제주시에서도 중심인 노형동에 자리를 잡기란 쉽지 않은 일이었지만 정말 열심히 했고, 결과가 좋아 보람이 있었습니다. 그렇게 다시 1년이라는 시간은 눈 깜짝할 사이 지나갔습니다.

3년 차. 아이를 기다리는 남편과 양가 부모님의 무언의 압박을 무시할 수만은 없었습니다. 정말 무더웠던 삼복더위와 가뭄이 심했던 2016년 8월 하늘이 내려주신 선물, 쌍둥이를 출산했어요. 이란성 쌍둥이 덕분에, 아기집이 두 개였던 배는 남편 말을 인용해서 농구공 두 개가 들어있는 거 같았답니다 배는 정말 남산만하게 불러왔고, 출산이 임박했을 때에 한 아기가 거꾸로 있는 바람에 자연분만을 시도하고 싶었던 내 의지와는 다르게 수술 날짜를 잡고 제왕절개를 해야만 했죠. 하반신마취로 내 척추는 힘을 쓰지 못하게 되었고, 제왕절개한 배는 제자리를 찾지 못하는 장기들로 인해 내 배와 척추는 내 몸이지만 내 의지대로 할 수 없는 상태가 되었습니다. 척추를 똑바로 세우기도, 앉기도, 서 있기도 힘이 들었죠. 지금까지 느껴보지 못했던 최악의 몸 컨디션은 첫 출산인 데다, 쌍둥이라 더 힘들었습니다.

4년 차. 쌍둥이를 낳은 지 100일이 지나, 모유 수유를 끊고 나니 조금 정신이 돌아온 듯했습니다. 그 후 산후우울증이 와버렸습니다. 바닥까지 떨어진 체력과 컨디션을 되돌리는 것이 무엇보다 중요했어요. 두 아이를 케어하는 데에도 필요했지만, 내가 왜 이렇게 살아야 하는지 스스로에게 용납이 되지 않았기에 이 상황에서 빨리 벗어나고 싶었답니다. 그래서 다시 운동을 시작하기로 마음먹었습니다. 하지만 내 의지와는 다르게 몸은 따라와주지 않았고, 류마티스 관절염에 걸린 사람처럼 손가락을 구부리지도 펴지도 못했습니다. 그렇게 할 수 있는 운동은 없다고 낙심하고 있을 때, 출산 전 펴낸 플라잉 요가책을 펼쳐 기본부터 한 동작씩 따라하기 시작했어요. 매일 몸이 달라지는 걸 느꼈죠. 플라잉 요가가 여자들에게 얼마나 좋은 운동인지, 특히나 출산한 엄마들에게 얼마나 좋은 운동인지 몸소 확인할 수 있는 계기가 되었습니다.

5년 차. 그렇게 운동을 시작한지 1년이 지났고 90퍼센트 이상 몸 컨디션이 회복되었습니다. 워킹맘으로 살아가는 것이 힘이 들기는 했지만 1년 반이라는 공백을 채우기 위해서, 원하던 대학원에도 입학했습니다. 사업과 공부, 육아까지 감당하기엔 너무나 힘든 여정이었지만 내가 하고 싶은 일들은 할 수 있어서 얼마나 기뻤는지 몰라요. 함께 살고 있는 시부모님의 도움이 있었기에 가능한 일이었습니다.

6년 차. 많은 일들을 겪으며 이제 적응이 될 법도 하지만, 아직도 새로운 경험을 하며 제주 생활을 하고 있습니다. 쌍둥이 키우는 워킹맘으로 살아가며 하고 싶은 공부도 하고 다시 일도 시작했지만, 마흔이 되니 마음과는 다르게 몸은 지쳐가고 때로는 나약해집니다. 하지만 제주는 다시 일어날 수 있는 힘을 줍니다. 하늘, 구름, 바다와 산, 오름과 바람까지도.

운동재활전문센터를 운영하는 지도자로 살아가면서 사람의 몸을 관찰하고 지도하는 직업 특성상 예민함과 부드러움이라는 정반대의 특성을 함께 갖추어야 합니다. 무엇보다도 나를 단련하는 시간과 진정한 쉼의 시간이 절실히 필요하단 걸 서울에서 지도할 때에도 느꼈지만 시간을 따로 내기란 쉽지 않았어요. 하지만 제주에 이주한 후 나를 깨우는 하루의 시작, 잠들기 전, 하루의 끝 역시 요가로 마무리합니다. 제주의 자연을 그대로 느낄 수 있고, 내 삶의 많은 부분을 차지하게 되어버린 요가는 진짜 쉼, 진짜 휴식, 진짜 나를 만나는 시간이죠.

나와 같이 일을 하고 육아를 하면서도 꿈을 포기하지 않을 워킹맘들과 작은 위로의 시간과 쉼을 함께 나누고 싶어 이 책을 펴내게 되었습니다. 하늘에서 날 지켜봐주고 있을 언니에게, 나를 엄마로 살게 해준, 그래서 운동의 중요성과 목적의식을 다시금 일깨워준 우리 쌍둥이 딸들에게, 결혼을 하고 제주에서 살게 해준 남편에게 이 책을 바치고 싶습니다.

2019년, 제주의 봄날에

신소야

Part 1

제주의 봄

깨 어 나 기

BREATH
내 숨, 내 몸

문득 제대로 숨을 쉬며 살아가고 있는지 생각해본다.
그만큼 가만히 내 숨 한번 고르고 살아갈 여유가 점점 없어지는 건 아닐까?

조금 일찍 일어나 아침 이슬을 맞으러 나오곤 한다.
제주에서 살아가는 걸 모두 부러워하지만 내 삶은 곧 현실이다.
모든 게 언제나 좋을 수만은 없다는 뜻.
제주의 삶은 장점도 단점도 있기 마련이다.
제주이기에 좋은 것도 많지만 제주여서 제한된 것들도 더러 있다.
하지만 이내 난 제주에서 모든 걸 위로받는다.

새벽 이슬, 봄이 오는 향기를 맡으러 아침 일찍 나서는 길.
이른 시간부터 서두르길 정말 잘했단 생각이 든다.
우리 동네는 아직까지 시골에 가깝기에 출근 시간이 다가와도 정말 조용하다.
봄을 알리는 매화, 그리고 벚꽃이 지면, 청보리밭이 푸르게 물들어간다.
보리가 익어 타작하기까지는 한 달이란 시간밖에 걸리지 않는다고 하니,
이곳 제주에서도 오래 볼 수 없는 풍경이기에 더욱 특별하다.
그래서 청보리밭은 매년 일부러 꼭 찾는다.
초록초록한 청보리가 바람에 산들산들 흔들리는 걸 보고만 있어도
그냥 기분이 좋고 설렌다.
머리가 맑아지고 투명한 이슬이 맺혀 있는 걸 보면 눈까지 맑아진다.
조심스레 투명한 이슬을 손끝으로 살짝 만져보며, 자연을 통해 힐링한다.

잠시 눈을 감고 내 호흡에만 집중하는 것만으로도
머리가, 내 온몸이 맑아지는 기분은 정말 경험해보지 않으면 알 수가 없다.
초록초록 맑은 기운과 아침 이슬의 투명함이 내 몸에 고스란히 전해진다.
이렇게 깨끗한 마음으로 하루를 시작하는 날은
모든 일에 감사와 사랑이 느껴진다.
살아 있음에, 건강함에, 이렇게 내가 좋아하는 일을 하면서 살아가고 있음에.

내 몸 어느 부분이 골절이 되었다면
살아가는 데 힘이 들기는 하겠지만 생명과 직결되지는 않는다.
하지만 숨을 잘 쉴 수 없을 만큼 심장이나 폐에 상해를 입었다면
그땐 생명과 직접적인 영향이 있다.
우리는 공기와 숨을 망각하고 살아갈 때가 정말 많다.
하지만 무언가 답답할 때 자연스럽게 한숨이 먼저 나오는 건
신이 우리를 만들어낸 섭리일 것이다.

내 숨이 편안하도록, 내 마음이 편안해지도록
몸에서 반응하는 무의식적인 행동이다.
내 숨이 안녕한지, 편안한지를 살펴보는 건
내 건강을 챙기는 데 정말 중요한 습관이다.

제주에 와서 생긴 습관 중 하나는 숨을 깊게 쉬는 것이다.
자연에서 함께 내 숨을 만나는 시간. 정말, 소중하고 행복한 시간이다.

내 호흡은 내 기분을 나타내는 지표이다.
내 숨을 챙기는 일에 언제나 주의를 기울인다.

봄맞이
제주의 봄꽃

봄비가 내리고 꽃이 피면 봄이 왔음을 느낀다.
제주에서는 동백과 목련이 나란히 피고 지면 유채꽃이 피어나 봄을 알린다.
그 향기와 색깔에 마음을 빼앗겨 관광객들의 발걸음이 끊이지 않고
제주 서쪽에 사는 나도 더 예쁜 유채꽃을 보기 위해 명소들을 찾아다닌다.

유채꽃처럼 언제 보아도 예쁘고 좋은 향기가 나는
그런 여자가 되고 싶다는 생각을 한다.
노란 꽃을 피우기 위해, 달콤한 향을 풍기기 위해
겨우내 그 모진 추위를, 혹독한 시간을 참고 인내했을 유채꽃.

꽃을 유난히 좋아하던 친정엄마가 올해는 유독 더 많이 생각난다.
꽃을 좋아하면 늙었다는 증거라더니
마흔이 되고는 꽃망울 맺혀 있는 꽃만 보아도 괜스레 마음 한편이 찡해진다.

진한 향기와 엄마에 대한 향수에 취하고 싶어
유채꽃밭에 들어가 앉아 숨을 깊이 들이쉬고 내쉬어본다.

다시금 바라는 마음들을 다짐하며
성큼 다가온 봄을 온몸으로 맞이한다.

동백꽃
봄이 오는 소리

빨갛게 피어있는 동백꽃.
내가 좋아하는 빨간색이라 더 눈길이 간다.
추운 날 어찌 저렇게 피어나는지,
따뜻한 봄이 오기 전에 활짝 피었다가 어느새 지고 만다.

다른 꽃들은 화려하게 피었다가 질 때에 꽃잎이 하나씩 떨어지지만
동백꽃은 꽃봉오리 전체가 툭툭 떨어진다.
4·3사건의 희생자들을 기리며, 그 의미를 상징하는 동백꽃.
제주에서는 4월 3일 가슴에 동백꽃 배지를 달곤 한다.

많은 생각을 하게 하는 동백꽃.
빨간 꽃은 희생자들이 흘린 피를,
꽃봉오리째 떨어진 모양은 목이 베여나갔을 희생자를 의미한다고 하니
그저 예쁘다고 생각하며 바라보기엔 너무나 슬픈 꽃이다.
그래서 한 번 더 쳐다보게 되고 조심스럽게 만져보게 된다.

'집도 사람도 다 불태워 버리고, 의미 없이 죽어가고,
그 어릴 적 얼마나 무서웠는데…….'
시부모님이 열 살 때 겪으셨다며 말씀해 주시는데
이야기를 듣는 내내 믿기지도 않고, 믿기도 싫은 역사다.

동네 어른들과 남자들이 다 도망가고 잡혀가는 모습을 직접 보면서
아버님도 아버지 따라 도망 다니셨다고,
지금 살아 있다는 게 신기하다고 말씀하신다.
이렇게 눈부시고 따뜻한 봄날 얼마나 무서웠을까.
꽃 피는 봄이 오면 설레는 기분과 따뜻한 온도에 행복하기만 했는데
잘 알지 못했던 역사를 알고부터 꽃 피는 봄이 오면 그날의 아픔을 기린다.
동백꽃이 피고 지고 나면 벚꽃이 화창하게 피어난다.
서울에 살았을 때는 동백꽃을 잘 접하지도 못했을 뿐더러
그 의미를 알지도 못했다.
제주도민으로 살고 있는 지금,
벚꽃은 그냥 스쳐지나가는 꽃이 되었다.

바람에 날리는 꽃잎을 보면서 봄이 지나가고 있구나, 생각한다.
아름다운 제주, 이곳에서 자유를 누리며 살아가고 있음에 감사하는 마음으로.
따뜻한 봄날, 봄이 오는 소리를 들으며…….

설렘, 그리고
관심과 사랑

요가는 '나'라는 세계를 평생 여행하는 것과 같다고들 한다.
다른 사람에게 관심을 두기보다
나에게 집중해 스스로에게 더 관심을 가지고 사랑을 주는 것.
이를 통해 행복한 삶을 살아가는 여정을 꾸려갈 수 있는데
그러기 위해서 내가 선택한 방법은 요가다.

보디빌딩 선수 시절 운동을 정말 열심히 했었다.
철저한 식단과 하루 6시간씩 근력과 유산소 운동을 병행했었다.
그땐 근육에 집중하며 변하는 몸을 보는 게 참 신기하고 대견했었다.
하지만 내 몸에서 보내는 신호들을 느끼고 관찰할 여유는 없었다.

지금 해먹과 함께하는 요가의 시간은
내가 알지 못했던 나를 찾을 수 있고 만날 수 있는 정말 여행 같은 시간이다.
이렇게 요가를 통한 나를 찾는 여정은
사랑하는 사람을 만나러 갈 때, 알아갈 때 그 설레는 시간들처럼 소중하다.

학창시절 학업에 쫓겨 알지 못했던,
직장생활을 할 때 업무를 쳐내느라 살피지 못했던,
또 결혼을 하고 아이를 낳고 아이 엄마로 살아가는 시간을 지나오고 나니
이제야 나를 위한 시간이 무엇보다 소중하고 설레는 시간임을 알아차렸다.

앞으로도 그렇게 살아가려 한다. 온전히 나에게 집중하면서.
또 다른 누군가도 나와 같은 값진 경험을 할 수 있도록 도우면서.
꾸준한 관심과 사랑으로 스스로와 다른 사람들을 대하면서.
내가 그렇게 살아갈 수 있도록 도와주는 요가를 만나 고맙다.

5월의 신부
제주에서 결혼한다는 건

서른다섯 늦은 나이에 결혼을 했다.
남편은 제주 토박이 고씨 성을 가진 남자.
제주의 결혼 문화 역시 신기했다.
잔치를 3일 동안 한다는 것!
첫째 날은 신부 측 잔치, 둘째 날은 신랑 측 잔치,
마지막 셋째 날은 결혼식만 올리는 날이다.
전통으로 하자면 돼지 한 마리 잡아 마을 잔치를 한다는데,
다행히 내가 제주에 연고가, 지인이 없어 신랑 측만 하루 잔치를 했다.
아침 10시부터 저녁 8시까지 하객만 800명 정도.
그것도 삼 분의 일도 안 온 거라고 했다.

뭐라고 좋은 말씀들은 해주시는데
제주 방언이라 하나도 알아듣지도 못하겠고,
그래도 얼굴은 웃고 있어야 하고…….
한복 입고 꽃신 신고 이리저리 왔다 갔다 인사받다가
발이 아파 구석에서 꽃신을 잠깐 벗었는데 헉, 버선에 구멍이 나 있다.
그때를 생각하면 지금도 엄지발가락이 아픈 듯하다.
농담 반, 진담 반 제주도 남자랑은 힘들어서 결혼은 두 번은 못 하지 싶다.

그래, 이렇게 서로 다른 사람이 다른 지역에서 다른 방식으로 살다가
이제 같은 시간과 공간을 공유하며 살아가야 하는데
쉽지만은 않은 일임은 분명한 것 같다.
이제 결혼 6년 차가 되니 신혼의 달달함은 눈을 씻고 찾아볼 수 없고,
쌍둥이를 기르며 같이 사업을 하고, 대학원 공부까지 병행하다 보니
우리 부부의 대화하는 시간은 쌍둥이들 이야기 말고는 부쩍 줄어들었다.
글을 써내려가다 말고 책꽂이에 있던 결혼식 사진첩을 펼쳐보았다.
예식 때 쓰려고 만들어놓은 야외촬영 동영상도 찾아서 틀어도 보았다.
설렘으로 시작했지만, 일 년은 정말 많이 울었다.
말도, 문화도, 생활 방식도 너무 달라서.

제주도로 시집간다고 했을 때,

가족도 친구도 없이 외톨이로 살 수 있겠냐고 물었을 때, 괜찮다고 했다.

힘이 들 때도, 외로울 때도 있지만, 내가 선택한 길이니 후회는 없다.

우리 쌍둥이를 선물로 받았고,

무뚝뚝하지만 우직하고 듬직한 내 편이 생겼다.

지금까지도 잘 지냈고, 앞으로도 잘 지낼 거고,

더 잘 지낼 수 있을 거라 나는 믿는다.

힘이 들 때면 처음 제주도로 올 때, 그 마음만을 떠올린다.

5월의 신부처럼 나를 아름답게 빛나게 해주는 곳.
아무것도 하지 않아도 그냥 좋았으니까.
여기, 제주도여서 말이다.

요가 인사
나마스떼

요가는 이제 세계 모든 사람이 즐기는 운동이자 하나의 문화로 자리잡았다.
6월 21일은 유엔(UN, 국제연합)이 공식 지정한
요가를 널리 알리기 위한 요가의 날.
2014년부터 한국에서도 기념하고 있다.
요가를 하는 사람들에게는 정말 큰 축제 같은 날이다.

도심 곳곳에서는 마라톤이나 워크숍 등 크고 작은 행사들이 열리고
올림픽 광장이나 용산 쇼핑몰이나 잠실 종합운동장에
요가 매트 한 장만 들고 하루 종일 행사에 참석하는 요가인들이
점점 늘어나고 있다.
강사들뿐만 아니라 일반인들의 요가 사랑과 관심도 점점 커지고 있다.

요가를 마치고 나누는 마지막 인사 '나마스떼'.
종교가 있든 없든 간에 상관없이 나누는 인사다.
인도에서 유래되어 깊이 들어가보면
힌두교적인, 불교적인 면도 많이 스며들어 있지만,
난 크게 개의치 않는다.
내가 믿는 신에게 기도하듯 하고 있으니 말이다.

불교에서 천 배를 드리는 마음으로 요가 동작을 하는 사람도 있지만,
요가는 그 자체로 장점들이 꽤 많다.
요가를 하다 보면 그 자연스러운 수련 과정에서 좋은 점들을 발견하게 된다.
이것이 요가의 매력이다.

나마스떼는 안녕을 기원하듯
편안하세요. 감사합니다. 안녕하세요.
인사와 안부 여러 가지 의미가 함축되어 있다.
모든 운동을 마치고 난 후 그 과정과 결과를
다른 사람과 나눈다는 의식 자체가 좋다.

요가를 하는 동안은 어떠한 욕심도, 미움도, 두려움도 없이
그냥 있는 그대로의 나를 바라보고 인정하고 만나는 시간이다.
몸과 영혼, 그리고 숨과 마음이 모두 하나가 되어야 한다.
진정 만질 수도 눈으로 확인할 수도 없는 모든 감정과 마음을
느끼고 비우고 내려놓는 시간, 그리고 나와 대화하는 시간.
그래서 요가를 하는 시간은 너무나 소중한 시간이다.

요가를 할 수 있다는 것에
요가를 통해 깨달음을 얻을 수 있다는 것에
그로 인해 새롭게 변할 수 있다는 것에
나는 오늘도 감사한다.
나마스떼.
NAMASTE.

봄의 요가

숨

BREATH

겨우내 움츠려 있던 몸과 마음에
새로운 활력을 불어넣어주어야 한다.
무엇보다 호흡만큼 중요한 것은 없다.
자연의 봄 기운을 느끼면서 내 몸을 깨워야 한다.
날숨과 들숨을 반복하며, 복식호흡과 흉식호흡을 통해
봄의 기운을 가득 느껴보자.

Tip
모든 동작을 할 때 내쉬는 숨에 조금 더
몸통을 비틀어 이완시키면 더욱 효과적이다.

들 숨

공기가 폐를 통해 몸 안으로 들어온다.
산소가 들어온다. 갈비뼈가 올라가고 가로막이 내려간다.
흉강의 부피가 커진다. 흉강의 압력이 낮아진다.
폐의 부피가 커진다. 폐의 내부 압력이 낮아진다.

tip
흉강은 심장과 폐가 있는 목과 가로막 사이 부분을 일컫는다.
가로막은 배와 가슴 사이를 분리하는 근육, 횡격막을 말한다.

날숨

공기가 폐에서 몸 밖으로 나간다. 이산화탄소가 나온다.
갈비뼈가 내려가고 가로막이 올라간다. 흉강의 부피가 작아진다.
폐의 부피가 작아진다. 폐의 내부 압력이 높아진다.

—

들숨과 날숨을 일컬어 호흡이라고 한다.
웨이트 트레이닝에서는 들숨과 날숨 사이 정지하는 순간이 있는데,
요가에서는 자연스럽게 이어서 호흡한다.

복식호흡

들숨과 날숨을 반복하는 동안 복강으로 호흡한다.
음식을 먹으면 위, 장, 방광이 확장되는 것처럼
산소를 들이마시며 복강의 부피가 증가한다.
들숨에 배가 팽창하고, 날숨에 배가 수축한다.

tip
복강은 장기와 생식기관이 있는 배 안쪽 부분을 뜻한다.

흉식호흡

들숨과 날숨을 반복하는 동안 흉강으로 호흡한다.
쉽게 말하면 갈비뼈를 둘러싸고 있는 근육들이
들숨에 숨을 꼭 채워 넣고,
날숨에 갈비뼈를 끌어내리듯 꽉 조이면서 숨을 빼낸다.

—

요가는 복식호흡을 하는 대표적인 운동이다.
복식호흡을 하면, 위, 장, 신장, 방광 등 소화기관과 생식기관이 건강해진다.
흉식호흡을 하는 대표적인 운동은 필라테스.
흉식호흡을 하면 심장과 폐를 감싸고 있는 근육들의 힘이 좋아지므로
심장과 폐의 기능을 완화하는 데 아주 효과적이다.

Part 2

제주의 여름

움 직 이 기

WORK OUT
억지로 말고 노는 것처럼

'제주 한 달 살기'가 유행이라지만 꼭 한 달이라는 긴 시간이 아니어도
주말이나 징검다리 연휴에 훌쩍 떠나오기 좋은 곳이 바로 제주.
미리 알아보면 정말 저렴한 가격에 예약할 수 있는 저가항공 덕에
이젠 편하고 가벼운 마음으로 제주를 오갈 수 있으니 얼마나 다행인지 모른다.
내가 일로 하고 있는 운동도, 많은 사람들이 건강을 위해 챙겨 하는 운동도
이렇게 가볍고 편한 맘으로 즐기면 정말 좋을 텐데…….
잠시 생각에 잠긴다.

체육시간만 기다리던 학창시절을 떠올려보면
모든 시간이 체육시간처럼 재미있었으면 좋겠다고,
체육시간이 되면 빨리 가는 시간이 아쉽다고 생각했다.
배우고 익히는 공부 시간이라는 것은 모든 과목이 똑같은데
공부하는 시간이 아닌 노는 시간이라고 생각하면 그보다 더 신날 수 없었다.

운동도 그렇게 하면 좋을 것 같다.
운동이 제일 좋은 나로서는 운동하는 걸 귀찮아하고 싫어하는 사람들이
이해되지 않지만 잠시 다른 일과 생각으로부터 벗어나
내 몸에 집중하고 말을 걸며 나와 놀아주는 시간으로 여기기를 바란다.
어느새 운동하는 시간이 선물과도 같이 소중하게 느껴지는 날이 올 것이다.

IWANNA

바다 요가, 선셋 요가
제주에서 누리는 특권

제주 여름 선셋은 제주도민만이 누릴 수 있는 특권이라 자부한다.
만삭여행을 코타키나발루로 다녀왔었다.
그때 선셋 포인트에 가서 사진을 찍는다고 차를 대절해서 이동했다.
그런데 기대했던 것과는 달라 조금은 실망했던 기억이 있다.
그렇게 돈을 들여 찾아가지 않아도,
매일을 살아가고 있는 제주에서의 선셋은 정말 아름답다.

여름 바다 선셋은 정말 황홀하다 못해,
경이롭다고 표현될 만큼 예술작품 같은 날도 있다.
내 눈앞에 보이는 선셋이 정말 한 폭의 그림 같아
혼자 보기 아까울 때도 너무나 많다.
제주도에 살고 있기 때문에 누릴 수 있는 특권 중,
특히 제주 서쪽, 지금 내가 살고 있는 애월에서 바라보는 선셋은
매일 다른 장관을 연출한다.

집에서 십 분 정도만 가면 만날 수 있는 곽지해수욕장은
많은 도민들이 찾는 선셋 포인트다.
곽지해수욕장의 일몰을 바라보면서 하는 나의 모든 움직임은
정말 아름다운 장면과 그 아름다움에 대한 나의 감상을
몸으로 표현하는 찬양이라고 할 수 있다. 그 움직임 자체가 요가다.

요가의 기본 시퀀스 태양예배자세의
의미와 동작이 아주 자연스럽게 이해되고,
자연에 대한 감사를 표현하는 의식으로 생각하게 되었다.
절에서 하는 108배에 대해 잘 알지 못하지만,
불교를 믿는 이들에 따르면 이 둘은 비슷한 동작이라고 한다.
종교는 다르지만 그 의미를 자연에서 찾고 발견하니
그냥 거부감 없이 하게 된다. 자연스럽게 물 흐르듯이.

요가 동작들의 이름이 자연의 형상, 동물들이 거의 대부분이기에
제주에서의 요가는 요가를 더욱 요가답게 한다.
그래서 더 사랑하게 된다. 제주도, 요가도.

쌍둥이 딸
하늘이 준 선물

늦은 나이에 결혼하고 일을 시작하고 나니
아이는 사실 조금 뒷전이었던 것 같다.
남편과 함께 운영해온 재활전문센터를 조금 더 안정적으로 운영하고 싶었다.
하지만 그보다 아이가 더 중요하다고 말하는 남편과 의견 충돌도 잦아졌고
일 욕심이 많은 나도 시기를 놓치면 출산은 물 건너갈 것 같아
뒤늦게 마음을 바꿔먹었다. 약물치료를 받느라 일 년 동안 병원을 다니면서
천사 둘, 쌍둥이를 선물로 받았다.

한 명은 서운할 것 같고, 둘을 낳기엔 나도 남편도 적지 않은 나이였다.
그래서 상의 끝에 쌍둥이 낳는 것을 시도해보기로 했다.
원한다고 생기는 것도 아니어서 마음을 비우고 준비를 했는데,
한 번에 인공수정으로 쌍둥이 임신 성공!
정말 감사 또 감사의 기도를 드린다.
한 명을 낳을 때보다 고통도 두 배, 육아의 고충도 두 배지만
나에게 돌아오는 기쁨은 감히 값으로 측량할 수 없기에…….
두 딸의 웃음소리와 "엄마 사랑해" 말 한 마디에 살아가는 이유와 힘을 얻는다.
고맙고 사랑하는 소영, 소이 두 딸이
더 많은 사랑을 주고 사랑을 나눌 줄 아는 여인으로 성장하기를,
엄마의 마음을 전해주는 매일을 살아가기로 한 번 더 다짐한다.

두 아이를 출산하고 나서 달라진 내 몸을 회복하기 위해
생존운동을 했기에 운동이 얼마나 중요한 것인지,
내 직업이 얼마나 좋은 직업인지 다시 느낄 수 있었다.
운동 지도의 목적과 방향성을 완전히 바꾸어놓은
두 아이에게 진심으로 고맙다.

엄마가 되기 전에는 나를 위한 운동을 했다면
이제는 남을 위한 운동을 하고 있다.
더 몸으로 느끼고 공부해야 잘 지도할 수 있으니…….
공부할 수 있는 기회를 준, 엄마로 살게 해준, 두 딸에게
다시 한 번 고맙다고 말해주고 싶다.

언젠가 두 딸이 엄마가 되면 해줄 수 있는 이야기들이 많을 것 같아
그 또한 감사하다.

용기
나 자신과 마주하기

나의 잘못을 인정하는 것만큼 어려운 일은 없을 것이다.
많은 사람들이 남의 잘못은 잘 캐치하면서 나의 잘못은 잘 보지 못한다.
타인의 잘못된 모습을 잘 발견한다는 건
내가 가지고 있는 모습을 타인으로 하여금 보게 한다는 걸 들은 적이 있다.
그렇듯 나의 잘못을 인정하는 것, 내 잘못을 사과하는 것은
진정한 용기가 필요하다.
지금 내가 잘못하고 있는 것들이 무엇인지 잠시 생각에 잠겨본다.
요가를 하는 동안에는 나의 잘못된 행동 패턴을 끄집어낼 수 있다.
호흡은 잘하고 있는지, 동작이 흐트러지지는 않았는지.

운전하는 모습, 핸드폰을 하는 모습
혹은 책상에 앉아 책을 보거나 노트북을 할 때 모습들.
이것들은 모두 눈에 보이는 것들이기에
쉽게 알아차릴 수 있고 고칠 수 있는 확률이 높다.

하지만 눈에 보이지 않는 욕심, 미움, 원망, 두려움.
타인을 속일 수도, 나를 속이며 깊은 어두움 속으로 끌고 갈 수도 있는
정말 무서운 내면 속 나의 모습이다.

다행히 포커페이스가 잘 안 되는 성격을 가지고 있어,
누군가를 지도하는 직업과 또 요가를 수련하고 있는 지금의 나를 볼 때에는
다행이란 생각도 든다.
포커페이스가 능숙했다면 나를 거짓으로 표현하는 사람으로 변해갔을 테니
내 직업과는 맞지 않는 얼굴이 되지 않았을까.

부족함을, 잘못을, 있는 그대로를 인정하는 나 자신과
더 가깝게 만나고 위로해주고, 사랑해주는 그런 시간을 갖는 것.
나를 속이지 않고, 조금 더 성장할 수 있는 기회를 주는 방법을
선택하며 살아가는 지금이 얼마나 감사한지 모른다.

그리고 변화를 더 빠르게 알아차릴 수 있는 요가를 하며, 지도하며,
그것을 통해 누군가를 치유하고 건강하게 해주는 직업을 가지고 살아가는 것에도
다시 한 번 감사하다.

인생 끝나는 날까지 이런 나로 살아가기를 바란다.
언제나, 거짓 없이.

내 심장 소리
뜨겁게 혹은 차갑게

여름 요가는 조금은 과감하고 역동적이다.
내 호흡과 빠르게 뛰는 심장 소리를 들어보고,
나와 직면하여 내 움직임에 집중해보기에 좋다.

어둠이 있어야 빛의 소중함을 느낄 수 있는 것처럼
몸이 뜨거워지도록, 숨이 벅차오르도록 심장이 터질 듯 강한 힘을 느껴봐야
잔잔하게 흘러가는 일상의 순간들을 더 평온하고 감사하게 느낄 수 있다.
불균형이 있어야 삶의 균형을 맞추려고 노력하게 된다.
이렇게 어느 것 하나 소중하지 않은 것이 없다.
지구상에 존재하는 어느 무엇 하나 소중하지 않은 것이 없기에,
그중에 가장 소중한 나를 조금 더 사랑해주고 나를 알아차리고,
나를 만나는 시간을 가져보는 것은 아주 중요한 일이란 걸
이곳 제주에 오고 나서야 더 절실히 느끼며 살고 있다.

장애를 가지지 않고 건강하게 살아가는 것도 감사한 일이고,
보이지 않는 불수의근이 건강하다는 것도 얼마나 감사한 일인지 모른다.
그중에 심장은 우리 눈에 보이지 않지만 내 삶이 끝날 때까지
끊임없이 움직이는 가장 소중한 내 몸의 일부분인데,
눈에 보이지 않는다고 간과하며 살아가는 사람이 정말 많은 것 같다.
내 심장 소리에 귀 기울이며 건강을 살피는 일을
지금부터 시작해보는 건 어떨까?

운동을 해보면 정말 내가 살아 있다는 걸 느낄 수 있다.
희열과 살아 있다는 걸 느낄 수 있는 최고의 운동은 웨이트트레이닝이고
내 심장 소리에, 내 숨소리에 더 집중할 수 있는 운동은
단연 요가라고 말하고 싶다.

지금 이 순간
다시 오지 않을 오늘

반짝이는 것이 모두 금으로 되어 있지 않아도 행복할 수 있는 것은
내가, 우리가, 지금 이 순간이 있기 때문이 아닐까?
오늘이 쌓여 내 과거가 되고 과거가 내 미래가 되는 것처럼.
주어진 오늘을, 지금 이 순간을 어떻게 살아가느냐가,
그런 순간과 하루가 쌓여 나의 꿈과 목표를 이루어내는 게
가장 중요한 내 삶의 지표다.

'오늘까지만 먹고'
'다이어트는 내일부터'
다이어트를 하는 사람들이 가장 많이 하는 말이라고 한다.
하지만 다이어트는 평생 하는 것이다.
다이어트는 먹지 않고 굶는 것이 아닌
내가 먹는 음식을 건강식으로 바꾸어 먹는 것이다.
먹지 않고 굶는 방법은 삶의 질을 떨어뜨릴 뿐만 아니라
몸의 모든 기능들을 약하게 하고 병들게 한다.

내가 먹는 모든 음식이 내 몸을 만들고,
좋은 사람들과 즐겁게 식사하는 시간이 쌓여
나의 행복을 만들어간다는 걸
다시 한 번 되새겨야 할 이유다.

지금 이 순간.
다시 오지 않을 오늘.

생각의 힘
그 놀라운 기적

서울에서 십 년 동안 일을 했다. 마지막 직장은 동부이촌동에 있었다.
제주에 내려올 준비를 하면서 개인 레슨 받던 회원들과 인사하고
후임자에게 인수인계하고 마무리할 무렵,
선생님 잘하시겠지만, 그래도 제주에 가서 힘들 때 한번씩 보라며
회원분이 책을 한 권 선물로 주셨다.

〈왓칭Watching〉이란 책이었다.
사려고 생각만 하다 계속 미루고 있었는데,
어찌 아시고 선물로 주셨는지, 너무나 감사했다.
늘 곁에 두고 있다가 제주에 내려왔고
지금도 마음이 혼란스럽고 흔들릴 때마다 펼쳐보곤 한다.

내가 좋아하는 챕터가 있다.
생각의 힘은 거리에 상관없이 대상을 변화시킨다는
해스티드 교수의 연구 내용이다.
런던대학의 해스티드 교수는 어린아이들을 대상으로 기발한 실험을 했다.
천장에 여러 개의 열쇠를 매달아 놓고
90센티미터에서 3미터까지 떨어지도록 한 뒤
열쇠마다 끌어당기는 힘을 측정할 수 있는 작은 신장계를 부착해놓았다.
어린이들에게 생각만으로 천장에 매달려 있는 열쇠를 구부려보라고 말했다.

잠시 후 놀라운 일들이 일어난다.
어린이들이 얼마나 집중하느냐에 따라 좌우로 흔들리는 열쇠도 있고,
가늘게 금이 간 열쇠도 있었다고 한다.
해스티드 교수는 신장계에 기록된 수치를 살펴보고 입이 딱 벌어졌다고 한다.
신장계에 기록된 전압 펄스 그래프가 최고 한계를 뛰어넘어
10볼트까지 치솟는 경우도 있었기 때문이다.
이렇듯 생각이란 우리가 다 알지 못하고 계산할 수도 없는
무한한 힘을 가지고 있다.
아무리 단단한 쇠붙이라도 생각의 힘만으로 저렇게 변했으니 말이다.

내 마음을 움직이는 생각의 힘을 난 믿는다.
보이지도 만져지지도 않지만 생각이라는 위대한 기적은
나를 변화시키고 바꿀 수 있다고.

그래서 요가를 할 때마다
내 숨에 얼마나 집중하고
내 마음을 어떻게 어루만져주고
내 머릿속에 어떤 생각을 가지고 있는지
그에 따라 내 몸과 마음이 어떻게 변화하는지 주의를 기울인다.

오늘도 나는
변화된 나를 생각하며
요가를 한다.

여름의 요가

힘

STANDING

요가의 기본인 호흡이 편안해졌다면 이제 본격 요가 동작에 도전할 차례다.
활기 넘치는 여름, 다양한 자세로 내 몸의 힘을 길러주는 동작들이다.
처음부터 무리하지 않고 수련하듯 가능한 동작의 범위를 늘려가자.
뜨거운 태양과 시원한 바다, 푸른 숲…….
여름에 누릴 수 있는 제주의 자연이 주는 에너지만으로
이미 내 몸에 활력이 넘치는 걸 느낄 수 있을 것이다.

tip
어떤 운동이든 몸을 다치지 않는 게 가장 중요함을 항상 기억해야 한다.

산자세 변형

타다아사나Tadasana

양발을 땅에 딛고 서서 양쪽 무릎을 붙이고 서서
하복부와 둔근에도 긴장을 풀지 않는다.
양손을 머리 위로 쭉 뻗어 올린다.
하늘에 있는 좋은 기운을 나에게로 끌어온다는 생각으로
온몸을 위로 길게 늘여준다. 이때 어깨가 따라 올라가지 않도록 주의한다.
호흡에 집중하면서 들숨보다 날숨을 조금 더 길고 부드럽게 내쉬며 반복한다.

tip
양무릎을 사진처럼 살짝 구부리며
부드럽게 밀어내듯 붙이면 하복부의 힘을 더 강하게 느낄 수 있을 것이다.

전사자세

비라바드라아사나 Virabhadrasana

싸움터에 나가는 전사들처럼 힘있고 강하게 전진하듯 동작을 실시한다.
양쪽 다리를 어깨너비 두 배 정도 벌리고 균형 있게 서서
한쪽으로 몸을 틀어, 몸을 튼 방향으로 무릎을 구부린다.
양손도 바닥과 수평이 되도록 옆으로 쭉 펴내면서
몸통과 골반이 한쪽으로 기울어지지 않도록 중심을 잡는다.
복부 전체에 힘을 주어 집중하며 강하게 호흡한다.

tip
움직임은 없지만 많은 힘이 유지되는 동작이므로 몸통과 복부,
하체에도 집중하며, 풍선을 분다는 생각으로 힘을 주고 강하게 호흡한다.

비둘기자세

에카파다라자카포타아사나Ekapadarajakapotasana

앉은 상태에서 옆으로 몸통을 튼다. 정면인 상태의 다리는 앞으로 뻗고,
뒤에 있는 다리는 반대편 팔로 발끝을 잡아당긴다.

tip
발끝은 잡기 힘들면 무리하지 말고 팔꿈치로 발등을 받쳐주도록 한다.

비둘기자세 변형

앉은 상태에서 한쪽 무릎을 접어 뒤꿈치가 회음부 쪽으로 오게 한다.
다른 한쪽 다리는 옆으로 뻗어 반대편 손으로 잡아 머리 위로 잡아 당겨준다.
하복부를 강하게 수축하며 척추 전체에 힘을 주어 등이 굽지 않게 하고,
흉곽(가슴 골격)이 무너지지 않도록 한다.

tip
내쉬는 숨에 척추를 조금 더 길게 세운다는 생각으로 하복부에 더 집중하며 호흡한다.

플랭크

차투랑가 단다아사나Chaturanga Dandasana

바닥에 엎드린 상태에서 양손으로 바닥을 누르고 견갑대(어깨뼈)가 모이지 않도록 한다.
이때 복부 전체와 힙 전체를 강하게 수축해 몸 전체가 바닥과 수평이 되도록 한다.
팔과 흉근의 힘이 부족하면 사진과 같이 팔꿈치를 접는 것이 힘들 수도 있으므로
팔을 편 상태에서 연습해도 좋다.

tip
몸통과 팔 전체의 힘을 키우는 데 아주 효과적이다.

코브라 자세

부장가아사나Bhujangasana

바닥에 엎드려 양손을 쫙 펼쳐 가슴 옆에 한 손씩 짚는다.
어깨는 올라가지 않도록 한다.
들숨에 가슴을 들어 올리고, 양팔을 쭉 펼치면서 호흡을 부드럽게 내쉰다.
들숨과 날숨 모두 편안하게 호흡하면서 내 몸의 긴장이 풀어지고
몸통 앞 전체가 부드럽게 이완되는 걸 느낀다. 날숨을 조금 더 길게 내쉰다.

tip
어깨가 좋지 않으면 고개를 뒤로 젖히기 어렵다. 시선을 멀리 바라보도록 한다.

핸드 스탠딩 변형

사야나아사나Shanasana

양손을 쫙 펼쳐 어깨너비만큼 바닥에 짚는다.
손가락과 손바닥 전체의 힘으로 바닥을
밀어내듯이 누른다. 시선은 양손 중앙을 바라보고
한 발씩 바닥을 차서 위로 올린다.
거꾸로 선 자세처럼 몸이 일직선이 되는 것이
완성 자세이지만, 처음부터 완벽한 동작을
시도하기보다 사진처럼 다리의 변형으로
상체와 코어의 힘을 키우는 것이 중요하다.

아라베스크 변형

발레 기본 동작Arabesque

한 발은 땅에 딛고 다른 한 발은 뒤로 쭉 뻗어준다.
양손은 앞뒤로 서로 교차하며 몸의 중심을 잡고 선다.
양쪽 다리와 양쪽 팔은 쭉 펴주어야 한다.
둔근과 척추 전체의 힘과 유연성이 필요한 동작이다.
척추는 부드러운 만곡 형태를 유지하되
상체는 앞으로 너무 숙이지 않도록 한다.

tip
상·하체의 밸런스와 힘의 집중력이 요구되는 동작이므로,
처음부터 무리하지 않도록 한다.

한 발 서기

우티타 하스타 파단구스타 아사나Uthitha Hasta Padangusthasana

한 발 서기(One leg standing) 동작은 한쪽 다리 전체의 힘과 균형이 많이 필요하며, 협력근들의 힘 또한 중요한 역할을 한다. 힙과 코어, 허벅지 안쪽과 바깥쪽 모두 동원되며, 발바닥 전체로 바닥을 누르는 힘도 매우 중요하다. 그만큼 힘이 들어가는 근육들의 힘을 기르는 데 좋은 동작이다.

극 락 조 자 세

스바르가 드비자아사나Svarga Dvijasana

몸 전체의 힘과 균형 감각이 요구되며, 척추의 부드러운 움직임과
장요근(전면의 폴더라인)과 둔근의 힘과 유연성이
매우 중요한 역할을 하는 동작이다. 오랜 시간 수련이 필요한
동작이므로, 처음부터 무리하지 않도록 주의한다.

Part 3

제주의 가을
즐기기

GIVE and TAKE
나를 위한 선물

2019년 트렌드를 정리한 책을 보다가 내 눈에 들어온 단어가 있었다.
이젠 '마케팅'하지 말고 '컨셉팅'하라는 것.
마케팅할 때 좋은 사례를 모방하는 것도 불가피하지만
이젠 나만의 스토리와 장점을 살린 그 무언가를 찾고 이슈화해야 한다는 것.

벌써 올해도 절반이 지나고 이제 남은 후반기를
어떻게 설계하고 보내느냐가 내게 남겨진 숙제이다.
매일을 숙제처럼 살아가는 것이 아닌, 축제처럼 살아간다면
하루하루가 선물이 될 수 있지 않을까?

치열한 경쟁과 의무적으로 해야 하는 일들 속에서 살아가는 시간도 많지만,
직장생활을 했던 사회 초년생 시절부터 나에게 하는 선물이 있다.
계획하거나 목표한 일을 잘 이루어냈을 때,
혹은 생일날 아무도 나에게 선물을 주지 않는다면,
내가 나에게 항상 선물을 주곤 했다.
작은 장미꽃 한 송이도 좋고, 기분을 내고 싶다면
정말 큰맘 먹고 장미꽃 백 송이를 선물한 적도 있다.
기다리면 작은 선물이라도 받지만 내가 나에게 선물을 주면
가라앉았던 내 마음에 큰 위로와 기쁨이 넘쳐난다.

내가 나에게 선물을 주면 되돌아오는 기쁨은 헤아릴 수 없기에
어느덧 20년 동안 해오고 있다.

한번은 너무 힘이 들고 외롭다는 생각이 들 때,
그렇지만 만나고 싶은 사람도 없을 때,
그럴 때마다 찾는 헌혈버스로 발길을 옮긴 적이 있다.
그동안 힘들었던 마음이 나눔과 채움을 통해
용기로 가득찬 기쁨으로 바뀌는 시간이었다.

내가 가진 장점으로 누군가에게 힘이 되고 용기가 되는 일.
그런 일을 하고 싶고, 그것을 나누어 주고 싶다.
내가 줄 수 있는 것을 주면,
부메랑처럼 나에게 더 큰 선물로 돌아오는 경험을 하고 있다.
당시엔 외롭고, 힘이 들지만…….
오늘도 난 더 많이 주고, 나눌 수 있는 사람으로 조금씩 성장하고 있다.
잘하고 있을 때에는 잘했다고 칭찬도 해주고,
작은 장미꽃 한 송이, 좋아하는 향수 한 병을 스스로 건네주며.

사려니숲길
손심엉 하영 걷게 마씸
(손잡고 많이 걸어보아요)

아름다운 제주를 만끽하기에 좋은 곳은 많지만
손꼽힐 정도로 인파가 몰리는 곳이 몇 군데 있다.
그중에 한 곳, 사려니숲길이다.

여름이 되면 숲길 걷기 프로젝트가 열리기도 하고
특별한 행사가 없다고 해도 제주를 찾는 여행객들이 한 번쯤은 찾았을 이곳.
웨딩 촬영 장소로도 너무 아름답다.

하늘 위로 쭉쭉 뻗은 삼나무들,
나무에서 뿜어져나오는 나오는 피톤치드.
공기가 좋은 숲길을 걷고 있으면 머리도 맑아지는 느낌이다.

나도 웨딩 촬영 때 처음 방문한 것 같다.
지금은 숲 길가에 주차를 하지 못하도록 해서 그 모양새가 영 거슬리지만,
제주를 오고 몇 년간은 그 길이 정말 예뻤었는데…….
숲으로 들어가면 병에 걸려 죽은 나무를 베어서 쓰러져 있는 나무들도 있고,
숲을 아름답게 관리하기 위해 잘려나간 나무들도 있다.
공통점은 한두 해 자란 나무들이 아닌,
몇십 년은 살아왔을 법한 나무들이라는 것.

나이가 들수록 선명한 나이테를 남기는
나무처럼 살아야겠다는 생각을 한다.

덩그라니 잘려나간 나무 밑기둥을 보면
나이테가 정말 선명하게 여러 줄 있는 것을 보게 된다.
호흡이든, 간단하고 어려운 요가 동작이든,
사람을 대하는 일이나 가족들과 일상을 보내는 시간에도
삶의 순간순간 최선을 다했다는 진한 자긍심으로 채워가고 싶다.

여행자처럼
매일을 여행하는 마음으로

제주는 처음과 달리 정말 많이 변해가고 있다.
높은 빌딩과 건물들이 마구마구 들어서더니
여기가 강남 수입차 거리인지 착각할 정도로 기하급수적으로 수입차도 늘었다.
노형오거리에는 아시아 최고층이 될 것이라는 빌딩 공사도 진행 중이다.
생태공원 같은 자연을 훼손시켜가며 관광도시로 탈바꿈하는 제주를 보고 있다.

제주에 내려오고 2년 정도는 지금과 완전히 다른 모습이었다.
매일 감사할 정도로 맑은 공기, 파란 하늘, 반짝이는 별들까지.
밤하늘 올려다보며 바다 보러 가는 것이 퇴근길 코스였다.

시시각각 변해가는 제주를 보며 여러 감정이 든다.
즐겨 찾는 나만의 장소가 몇 군데 있어도 갈 때마다 다른 느낌이다.
기분 좋을 때 갔는지, 힘들 때 갔는지, 또 누구와 함께 갔는지에 따라서.
하지만 이제는 어딜 가든 누구와 함께 있는지, 내 마음은 어떤지에 집중한다.

눈에 담고 있는 풍경이 좋으면 늘 그곳에서 요가하고 싶다는 생각이 든다.
그래서 새로운 곳에 갈 때 요가 매트를 필수로 챙긴다.
새로운 곳에서의 수련은 언제나 설렌다.
이렇게 들뜬 몸과 마음에 다시 평정심을 찾기 위한 첫 호흡을 시작한다.
너무나 값진 시간이다.

매일을 살고 있는 제주에서 나는
언제나 여행자 같은 마음으로 살아가기로 마음먹었다.
여행할 때는 익숙한 곳보다 새로운 곳을 발견하고 싶듯이
모든 사람이 다 아는 관광지보다, 내 마음에 드는 풍경을 바라보며
나만의 제주를 담고, 느끼며 살아가고 싶다.

제주 오일장
전통, 있는 그대로의 자연스러움

제주도에서 새롭게 발견한 또 하나의 문화, 바로 오일장이다.
내가 운영하는 센터는 제주 오일장 근처에 있어
그날의 교통체증이 오일장을 더 실감하게 해준다.
도민들뿐만 아니라 관광객들도 일부러 찾아오는 명소다.

제주에 내려와 남편을 처음 만난 날, 제주시 민족 오일장을 데리고 갔었다.
정말 없는 것 없이 다 있는 제주시 민속 오일장은
사람도 많았지만, 규모 자체도 어마어마했다.

오일장이 열리면 센터에서 키울 만한 화초들과 흙을 사서 분갈이를 해주고
그 위에 돌까지 깔아주어 예쁜 나만의 식물을 만들었다.
지금 그렇게 오일장에서 데려와 키우는 화초가 꽤 된다.
푸릇푸릇 새순이 돋아가며 커가는 모습 보면 내 새끼처럼 애정이 간다.

그렇게 커가는 식물을 보는 화초를 보며 또 하나 깨닫는 건
식물은 그냥 자기가 있는 그 자리에서 변함없다는 사실.
깊게 뿌리내리고 물을 먹고, 햇살을 맞으며,
창문을 열어놓고 바람이 불어오면 가끔 흔들흔들 춤을 추는 듯.
요가를 하며 바라보고 있으면 욕심도 미움도 사라진다.

요가 자세는 대부분 자연이나 식물, 동물에서 유래했다.
그중에 나무자세가 있다.
양발을 땅에 짚고 내 몸을 잘 지탱하고 서서 하는 동작이다.
양발에서 한 발을 들어 한 발로만 중심을 잡아야 한다.
그러려면 더 단단히 내린 뿌리처럼 흔들리지 않기 위해
집중하고 또 집중해 중심을 잘 잡아야 한다.

요가를 하다보면 삶에 대한 교훈도 얻는다.
기본에 충실하고, 작은 일에도 정성을 다하고,
전통을 기억하고 초심을 잊지 말자고 다짐한다.

공항 가는 길
나를 살게 해준 길

2013년 10월 26일.
제주공항에서 처음으로 지금의 남편을 만난 날.
이날은 나에게 있어 잊지 못할 아주 특별한 날이다.

사랑하는 언니를 하늘로 보내고 49일 되는 날이었다.
모태신앙인 우리 가족이 다른 특별한 의식은 하지 않았지만,
하늘로 가는 그 길이 행복하길,
그곳에서는 고통 없이 행복하게 살아가길 기원하는 마음으로
언니의 유골이 안치된 청아공원에서 언니를 만나고 난 공항으로 향했다.

언니의 빈 자리는 여전히 믿기지 않았고,
그로 인해 내 인생에 구멍이 난 곳은 그 어떤 것으로도 채워지지 않았다.
누군가의 건강을 지켜주기 위해 트레이너로 십 년 넘게 일해온
나의 직업마저 사치처럼 느껴졌다.

위암으로 고생하다 간 언니, 내 가족 하나도 지켜주지 못했다는 죄책감에
내 직업에 대한 정체성은 한순간에 무너졌다.
이제 내가 무엇을 하며 어떻게 살아가야 하는지에 대한,
무의미한 나의 삶을 되돌리기 위한 해답을 찾아야 했다.

또 이날은 남동생의 상견례 날이었다.
나도 참석해야 하는 게 맞는 일이지만, 그렇게 할 수가 없었다.
내가 살아갈 방법을 찾는 것도 중요했으니까…….
그렇게 해서 난 홀로 제주도로 생존 여행을 떠나왔고,
이곳에서 지금의 남편을 만났다.

그래서 이날에 이루어진 동생의 상견례, 남편과의 만남 모두
언니가 동생들에게 주고 간 마지막 선물이라고, 난 그렇게 믿고 있다.
부모님의 반대를 무릅쓰고 결혼을 한 언니가,
동생들은 좋은 배우자 만나 살아가는 걸 하늘에서 보고 싶었던 것 같다.
이날은 내 생일만큼이나, 아니 더 기억하고 싶은 날이다.
그래서 어쩌면 가을만 되면, 10월 26일만 되면,
그냥 자연스럽게 공항으로 핸들을 돌리고 있는지 모르겠다.
그날의 기억을 떠올리며…….

내가 왜 제주에 내려왔는지 회상하며, 그 마음을 잊지 않으려고 말이다.
제주에 내려와 결혼해 살아가는 것도, 두 딸을 낳고 하고 싶던 공부에
내 분야인 요가에 관한 책을 펴낼 수 있는 것도
다 언니가 준 선물이라고 생각한다.

공항 가는 길은 나를 다시 살게 해주는 원동력과 같다.
왜, 어떤 마음으로, 어떻게 살아가야 하는지.
그래서 마음이 힘들 때면 난 공항으로 간다.

새별오름
제주가 주는 선물

제주의 바다 못지않게 사랑받는 오름이 있다.

368개의 오름. 하루에 하나씩 매일 올라도 3개가 더 남는다.

일 년을 살아도 3일 더 제주에 머무를 수 있는 핑계가 생긴단 말이다.

계속 변화하는 제주에서는

제2공항이나 골프장 문제가 거론될 때마다

오름을 지켜야 한다는 목소리가 나온다.

2019년 봄 현재까지는 368개가 변함이 없다.

실제로 내가 오른 오름은 몇 개 되지 않지만
그래도 갔던 오름들은 강렬했고, 기억에 남는다.
제주에 처음 와서 올랐던 오름은, 오름의 여왕이라고 불리는 용눈이오름.
제주에 상견례 와서 부모님과 처음 올랐던 오름이라 더 기억에 남는다.
그 이후 올봄에 두 딸들과 함께 올랐다.
경사가 그리 심하지도 않고 사면이 각자 다른 모습이라 반하지 않을 수 없다.
동쪽에 위치해 있지만 석양도 아름다운 용눈이오름은
나에게 베스트 오름 중 하나이다.

두 번째 오름은 궷물오름.
애월 우리 집에서 가깝고 남편 없이 혼자서 갔던 오름이라 기억에 남는다.
무엇보다 탁 트인 너른 들판이 장관이다.
11월에 갔는데도 따뜻했고 초록 풀들로 싱그러워 너무나도 아름다웠다.

그리고 세 번째 오름은 제주 가을 하면 떠오르는 억새,
그중에 억새가 아름다운 오름으로 손꼽히는 새별오름이다.
관광객뿐만 아니라 도민들도 일부러 억새의 황금 물결을 감상하러 찾는 이곳.
한번 와보면 그 모습에 반해 자꾸 찾게 될 것이다.
오름에서 흔들흔들 바람에 몸을 맡긴 채 수련하고 있으면
나도 억새가 된 것 같은 착각이 든다.
색소폰 소리가 울려 퍼지고
그 안에서 움직이는 나의 몸부림도 너무나 아름답게 느껴졌던 시간은
지금 생각해도 너무 아름다운 장면으로 기억된다.
정월대보름에는 쥐불놀이 축제로 새별오름 한 면을 다 태우는 행사를 한다.
매년 태우는데 또 어떻게 이렇게 억새가 멋지게 자라나
새별오름을 꽉 채우고 있는지 신기할 따름이다.
오름 하나가 사람들에게 주는 감동은 정말 다양하다.

동서남북 어디에 위치하는지에 따라 그 가지고 있는 특징들이 다양하다.
높이도 경사도 다르고 정상에서 바라보는 제주의 모습도 다 다르다.
제주의 오름은 작은 제주를 만날 수 있는 좋은 장소이다.
오름을 오르고 몸이 따뜻해지고, 그러고 나서 요가를 한다면
한결 따스해지고 부드러워진 몸을 만날 수 있다.
내 호흡도 더 깊게 느낄 수 있고 쉼 호흡을 깊게 하고 나면
나무 냄새로 머릿속이 깨끗해지는 느낌을 받는다.

자연에서 하는 요가는 그야말로 선물과 같다.
어떤 값도 지불하지 않지만, 어떤 돈을 지불한다 해도 살 수 없는 것.
이것이 오름에서의 내가 경험한 요가이다.

높지 않은 오름에 오른다면 꼭 요가 매트 챙겨서
가벼운 요가 동작이라도 해보시길 권한다.
후회하지 않을 진짜 힐링의 시간이 될 것이다.

가을 운동회
정겨운 마을 축제

난 애월에 살고 있다.

우리 집 바로 앞에 있는 광령초등학교는 남편이 나온 학교이자,

이제 우리 두 딸들이 크면 입학하게 될 학교이다.

시골 학교치고는 너무 잘 갖추어져 있다.

운동장 잔디는 천연잔디로 관리하고,

운동장 트랙은 모래가 아닌, 육상경기하는 트랙으로 깔려있다.

공사 중인 체육관, 학교 너머 보이는 한라산도 너무 멋있다.

아이들이 걷기 시작할 때부터 가서 놀던 학교 운동장은,

딸들도 나도 너무 좋아하는 장소이다.

문득 초등학교 육상선수 시절 생각이 난다.
이런 트랙이 있는 초등학교에서 매일 연습했으면 진짜 좋았겠다고…….
흙먼지 마셔가며 아침, 점심, 오후 훈련까지 했던, 그때
그래서 이렇게 잘 깔린 육상트랙을 보면 그냥 달리고 싶어진다.

아니나 다를까. 광령초등학교에서
봄, 가을 일 년에 두 번은 마을 체육대회를 연다.
돼지머리 고기에, 경품에, 마지막 하이라이트인 이어달리기까지.
동네 나이 드신 어른들 아이들 할 거 없이 이날은 학교로 다 모여든다.
그 풍경이 어찌나 정겨운지, 그야말로 마을 축제다.

쌍둥이들 막 낳고 조리하고 집에 있던 해 가을 운동회에서
마이크에 울려 퍼지는 사회자 목소리를 들으면서
아기들이 깰까봐 조마조마했지만,
한편으로는 나도 내년에는 아이들 데리고 갈 수 있을까,
가고 싶다, 하는 생각이 더 컸다.

임신을 하고 막달이 다가왔을 때도 혼자 걷기 운동을 했던 곳,
지금은 아이들과 함께 뛰어노는 학교 운동장.
두 딸 낮잠 자는 시간에 혼자 나와, 백 년이 된 큰 정자나무 아래에서
요가 매트 한 장 깔아놓고 명상도 하고 물구나무도 서는 나만의 힐링 장소.

여기.
내가 사는 곳 애월.
광령초등학교에서 할 수 있는 모든 것에 감사하다.

제주도 시골에서 광령 댁으로 살아가는 시간이 빡빡한 도시 생활보다
어쩌면 더 내가 원하는 삶이었는지도 모르겠다.
오늘도 매일 출퇴근을 하며 지나는 광령초등학교를 바라보며
그냥 절로 미소가 지어진다.

가을의 요가

균형

BALANCING

몸에 어느 정도 힘이 생겼음이 느껴진다면
이제 조금 난이도를 높여보자.
높은 집중력과 균형 감각을 요구하는 동작들을 소개한다.
내 몸에 힘을 길러준 여름의 동작들과
비슷한 패턴으로 구성된 가을 요가를 통해
낯설고 어렵게 느껴지던 요가를 즐기게 될 수 있기를 바란다.

tip
수련 기간을 거치지 않으면 단번에 성공하기 어려운 동작들도 있다.
무리하지 말고 가능한 동작부터 차근차근 도전하자.

나 무 자 세

브르샤아사나Vrksasana

한 발을 지면에 짚고 서서 중심을 잡는다.
한쪽 무릎을 구부려, 반대쪽 허벅지 안쪽에 발바닥을 대고
지그시 누르며 중심을 잡는다. 양손을 머리 위로 합장을 하며
상·하체 균형을 맞추어 서서 호흡에 집중한다.

나무자세 변형

양발을 바닥에 짚은 상태에서 몸을 곧게 세우고 몸의 정렬을 맞춘다.
그다음 한 발을 접어 반대쪽 허벅지 안쪽에 발바닥을 대고 선다.
이때 발바닥으로 허벅지 안쪽을 지그시 눌러주면 중심을 잡기가 편하고,
코어의 힘도 더 많이 필요로 한다.
중심을 잡았으면 양손을 머리 위로 합장을 하고 선다.
이때 어깨가 따라 올라가지 않게 하고,
팔꿈치를 살짝 접어주어 어깨의 긴장을 풀어주는 것도 좋다.

활 자 세

나타라자아사나Natarajasana

춤의 왕 자세라고 할 만큼 고난도의 동작이다.
견갑대와 어깨 움직임의 범위가 중요하며,
몸통 앞뒤 전체와 하체의 힘과 밸런스도 중요하다.
한 발로 서서 하는 동작이기에 발바닥 전체로 바닥을 지지하는 힘과
복부와 힙, 코어의 힘이 요구된다. 복강의 힘을 풀어버리면
몸 전체의 균형이 깨져 흔들릴 수 있으므로 호흡에 집중해야 한다.

원숭이자세

하누만아사나Hanumanasana

몸의 균형 감각과 걷는 데 꼭 필요한 발바닥 전체의 힘을 키우는 데 아주 효과적이다.
언제 어디서나 자주 이 동작을 해보기를 추천한다.
숲길을 걷는다면 신발을 벗고 나무 사이에서 나무자세 먼저 수련해보는 것도 좋다.
이어서 나무와 함께 수련하기 좋은 원숭이자세는 한 발은 나무 위로 올려
나무를 끌어안 듯이 감싸 안아 상체를 전굴(상체를 많이 굽히지 않고 앞으로 향하는 자세)한다.
바닥에 짚은 다리 무릎이 구부러지지 않도록 하며 내쉬는 숨에 조금씩 천천히 전굴한다.
양쪽 다리 모두 실시하며, 안 되는 쪽 다리를 한 번 더 수련한다.

물고기자세

마츠마츠야아사나Matsyasana

바닥에 편하게 눕는다. 등 전체가 바닥에 닿게 한 뒤
양팔을 접어 가슴 옆에 붙이고 팔꿈치로 바닥을 밀며
등 전체의 힘을 모아 가슴을 앞으로 밀어내듯 들어올린다.
정수리가 바닥에 오도록 한다. 팔꿈치로 바닥을 계속 밀어내며
호흡을 반복할 때 어깨와 목이 짧아지지 않도록 한다.

tip
라운드숄더와 거북목, 굽은 등에 효과가 있는 동작이며
소화기능과 척추강화에도 도움이 된다.

헤드 스탠딩

벽 없이 이 자세를 하는 것이 아직 조금은 두려운 사람에게 권한다.
잔디가 깔린 넓은 운동장처럼 넘어져도 안전한 곳으로 가자.
머리를 바닥에 대고 팔로 삼각대를 만들어 견갑대를 안정화시킨다.
바닥을 밀어내는 힘으로 상체를 고정시켜준다.
이때 양쪽 다리를 모두 들어올리는 것이 힘들다면
사진처럼 한 발씩 들어 올려 둔근과 힙의 힘을 키우는 것도 좋다.

tip
헤드 스탠딩의 완성 자세는 양발을 모아 위로 쭉 뻗어 올리는 것이다.
수련된 사람들이라면 가능하겠지만, 힘들다면 사진처럼 다리 모양을 변형해서
서서히 중심을 잡으며 힘의 범위를 넓혀 연습하는 것도 좋다.
이때 코어와 힘에 더 집중하며, 삼각대가 바닥을 미는 힘에 더 집중하도록 한다.

삼각자세 변형

트리코나 아사나Trikonasana

몸통의 측면 근육과 잘 쓰지 않는 측면과 내전 근육의 강화에 아주 좋은 동작이다.
완성 자세를 하기 전에 다운독 자세에서 한 발을 위로 올려
코어와 견갑대의 힘을 먼저 강화하는 것이 좋다.

견갑대에 힘이 어느 정도 생기면 플랭크자세에서 한 발을 뒤로 넘겨 바닥을 짚고
같은 쪽 팔을 머리 위로 뻗어 몸통 측면 근육과 견갑대에 집중한다.
이때 시선은 손끝을 보는데, 목이 불편할 수도 있으니 목에 부담이 없도록
정면을 보거나 턱을 살짝 들어 올려 흉곽이 무너지지 않게만 유지하는 것이 좋다.

견갑대의 힘을 키웠다면 한 손으로 바닥을 힘껏 밀고
뒤로 짚었던 다리를 하늘로 들어올려 같은 손으로 발끝을 잡아준다.
이때 무릎과 힙이 바닥으로 떨어지지 않도록 몸 전체 외측과 둔근에
강한 힘으로 강하게 몸을 받쳐내야 한다. 자세를 유지하지 위해
호흡을 너무 오래 참지 않도록 하며, 손목에 무리가 가지 않게 주의한다.

Part 4

제주의 겨울

인 내 하 기

MEDITATION
내 안으로 깊숙이

봄, 여름, 가을을 지나보내며 내 몸에 좀 더 예민하게 반응하고
있는 그대로 인정할 수 있다면 이젠 명상수련을 시작해도 좋다.
요가의 여러 가지 수련 방법 중에 가장 어려운 부분이 이 명상수련인 것 같다.
내 생각 내 몸 그리고 가장 중요한 내 숨
명상은 말 그대로 내면의 나를 만나는 시간이다.
현대인들이 앓고 있는 여러 가지 현대병 중
스트레스와 우울의 원인 중 하나가 나를 만나는 시간이 없다는 것이다.

내가 무엇을 좋아하는지
내가 잘하는 것이 무엇인지
내가 하고 싶은 것이 무엇인지…….

오늘 나의 기분이 마음이 어떠했는지조차 헤아릴 시간 없이
지금 당장 해야 할 일들을 해내면서 살아가기에 정신이 없을 테니
어쩌면 당연한 이야기일 수도 있다.

하지만 오늘 하루 열심히 살아낸 나를 위로해주고 토닥여주고
힘과 용기를 주는 시간을 갖는 건 정말 중요한 일이다.
사랑하는 누군가로부터 위로를 받는 것도 좋겠지만
나를 가장 잘 아는 건 나이기에.
명상을 통해 안 좋은 감정을 버리고
다시 일어설 수 있는 힘을 주는 것
그것이 명상 테라피의 장점이다.

내가 제주에 온 뒤로 꼭 잊지 않고 하는 일이 몇 가지 있다.
다이어리를 작성하는 것과 명상을 하는 것이다.
아침 일찍 일어나서 명상하는 시간을 갖는다.
따로 시간을 내서 명상할 시간이 없다면
퇴근길 집에 도착해서 차에서 내리지 않고 창문을 열어 심호흡을 하며
머릿속을 비워낸다.
그리고 오늘 있었던 일들을 떠올린다.
그 안에서 좋지 않았던 감정들은 다 좋은 감정으로 바꾸려고 한다.
그래. 다 이유가 있었을 거야.
그렇게 인정하며 나 스스로를 위로해준다.
그리고 감사의 제목으로 바꿔 다섯 가지 감사의 기도를 한다.

명상 테라피가 전 세계적으로 화두가 되어가고 있다는 것만으로도
명상 테라피가 현대인들에게,
이제는 피트니스 클럽에 가서 운동하는 것만큼이나
꼭 필요한 테라피 운동으로 자리잡을 거라 생각한다.

오늘부터 퇴근길에 속상한 일이 있었다면 술집으로 향하지 말고
나와 대화하는 시간 속에서 치유되는 것을 느껴보는 건 어떨까?

새해의 정월대보름
하늘을 올려다보다

새해가 시작되고 보름이 지나고, 구정이 지나 대보름이 돌아오면
하얀 한지에 내 소원을 정성들여 쓴다.
그렇게 쓴 소원을 불태우고 동그란 달을 보며 소원을 비는 시간.

일 년 열두 달, 매달 꼬박꼬박 돌아오는 보름이지만
첫 번째 보름날은 오곡밥에 나물에 부럼을 까서 먹는다.
깨끗한 종이 위에 그림을 그리듯 한해의 소원을 적어내려가며
나의 계획을 적고 그것이 이루어지기를 바라는 마음으로
그 종이를 태워 하늘로 올려보낸다.
나쁜 기운은 다 깨부순다는 마음으로 부럼을 깨서 먹는 전통의식은
참으로 지혜롭다.
365일 매일을 이런 마음으로 살아가면 좋을 텐데
하늘을 올려다보는 것조차 힘겨울 때도 있으니
삶이란 참 녹록지 않다.

그래서 난 제주에 내려온 후 스스로에게 한 가지 약속한 것이 있다.
아침 출근길 하늘 바라볼 것. 그리고 어두운 밤하늘의 달과 별 찾아볼 것.
하루의 시작과 끝, 별거 아닌 나만의 의식이지만
마음의 여유를 찾는 데에도 많은 도움이 된다.

새해를 맞이한다. 그리고 그 새해의 정월대보름.
가족이 모두 건강하기를 바라는 마음으로 하늘을 올려다본다.

제주 돌담
현무암처럼

제주의 특산품을 꼽아보면 귤, 아니면 돌, 현무암이 생각난다.
시골 마을 어귀에서 볼 수 있는 귤나무와 그를 둘러싸고 있는 돌담.
너무 많은 부분이 현대식으로 변하고 있는 시내에서는 볼 수 없는
제주 귤과 돌담은 내가 진짜 제주에서 살고 있구나, 느끼게 해준다.

보고만 있어도 편안한 돌담.
우리 집 전체를 빙 둘러싸고 있는 돌담도 진짜 제주 현무암이다.
화산섬인 제주.
마그마의 결정 분화작용 과정에서 만들어진 돌이 현무암이다.
천연기념물로 정해져 진짜 현무암을 구하기 어렵다.
그래서 신축으로 지어진 건물에 제주와 잘 어우러지는 경관을 위해
돌담을 쌓는 건축물이 많아지면서 현무암이 더 귀해지고 있다.

예전에는 도둑도 없고, 누구 땅인지 구분만 하면 되었기에
사람이 살고 있다는 걸 알리는 정도로 문도 없이 돌담만 세우고 살았단다.
제주 삼다(돌, 바람 ,여자)라고 불릴 만큼
제주 현무암은 제주의 바람, 파도, 자연 속에서
저절로 깎이고 다듬어져 만들어진 돌이다.
그 어떤 바람이 불어와도 돌 사이로 바람이 지나가기에 무너지지 않는다.
참 생각할수록 선조들의 지혜와 자연의 신비함은
아무리 문명이 발달해도 인간이 절대 섭렵할 수 없는 일이란 걸
한 번 더 인정하게 된다.

바다로 가서 수련할 때면 일부러 현무암 위에 서서 중심을 잡아본다.
한 발 서기 동작으로 내 몸의 중심을 잡는다.
그리고 내 몸과 호흡에 더 집중한다.
어떠한 바람이 불어와도 흔들리지 않기 위해서…….

현무암 위에서 중심을 잡아 한참을 수련하고 내려와 발바닥을 보면
엄지 발가락에 살점이 찢겨 피가 날 때도, 발톱이 깨져있을 때도 있다.
그래도 그땐 잘 알지 못한다.
집중해서 수련하다 보면 느껴지지도 않고, 그런 상처는 중요하지 않다.
한 발로 서고, 거꾸로 물구나무서기 동작이 완성된 성취감에 비교하면
그런 것따윈 중요하지 않다.

그렇게 수련하고 단련된 코어와 중심은
바람도 없고 파도도 없고 울퉁불퉁한 현무암 바닥이 아닌,
편편하고 매끄러운 바닥에 요가 매트 한 장 깔고 수련할 때 빛을 발한다.
한 발로 서서 내 몸의 중심을 잡아서는 고난이도의 동작도
쉽게 완성될 수 있도록.

어찌 보면 인생도 그러하듯
편하고 쉬운 것이 좋은 것만은 아니라는 걸 느낀다.

나쁜 버릇
당연함 vs 익숙함

결혼을 하고 나서 나쁜 버릇이 하나 생겼다.
남편이 해주는 모든 일은 당연하게 여기는 것.
익숙한 것에 당연해지지 말고 모든 일에 후회하지 말자는 게
나의 좌우명 같은 것이었는데…….

가장 큰 사건은 쌍둥이를 출산하고 난 후인 것 같다.
일, 시간, 모든 스케줄이 내 의지와 상관없이 변수가 생기니
자꾸 미루어지는 시간 속에서
그래, 지금 해결할 수 없다면 스트레스받지 말고 과감하게 내려놓자
생각을 바꾸어먹기도 했지만,
나 스스로에겐 관대해지고 남편에게만 예민해졌다.

성인이 되어서 한 번도 쉬지 않고 직장생활을 했고,
잘 다니던 직장을 그만두고 다시 운동을 시작했을 때에도
절대 시간을 헛되게 보내지 말자고 다짐했다.

인생의 큰 사건인 쌍둥이를 임신하고 출산하고 난 후
일 년 반이라는 공백이 생겼고,
내 스케줄은 이제 나 혼자만의 스케줄이 아닌 게 되어버리니
감당이 되지 않고 화가 나기도 했다.
경력이 단절되고 쉬는 기간 동안 뒤처졌다는 불안함도 느꼈다.
하지만 나의 삶에 터닝 포인트 또한 쌍둥이 출산.
내 인생의 또 다른 목표가 생김과 함께 나이 들어간다는 것은
나를 진짜 어른으로, 리더로 만들어준 계기가 되었다.

두 딸에게는 좋은 엄마가 되기 위해 언제나 최선을 다한다.
아내가 되기 위해서는 책은커녕
사업과 육아, 공부를 병행하며 내가 해내야 할 일들은 많아지니
남편은 뒷전이었고 남편이 하는 모든 일을 당연히 생각하게 되었다.

익숙해져가는 것들을 당연하게 여기지 말자는 다짐을 잊은 채
가장 가까운 사람에게 그러고 있었던 것을
왜 그동안 깨닫지 못했을까.

내가 왜 제주에서 살고 있는지, 어떻게 두 공주의 엄마가 되었는지,
하루하루 감사하는 마음이 쌓여 내가 이루고 싶은 것들을 이루며 살고 있는지.
나는 행복하지만 정말로 소중한 한 사람을 힘들게 했으니 미안한 마음 가득이다.
익숙함과 당연함을 익숙하고 당연하게 여기지 말자고 다시 다짐한다.
그리고 용기내어 남편에게 말해야겠다.
고맙다고. 사랑한다고.

마음 건강
있는 그대로의 나

실패한 나, 미운 나, 예전의 나, 지금의 나, 미래의 나
모두 사라지지 않는 '나'이다.

부모님의 반대에도 내가 하고자 하는 일은 했고,
혼이 나고 아버지한테 회초리를 맞아도 내 의지를 잘 굽히지 않았다.
누가 시킨 것도 아니고, 권유한 것도 아니다.

내가 원하는 삶.
그 삶의 모습은 어떤 것이었을까.

초등학교에서 고등학교 12년 동안 체육부장을 하고,
수학여행을 가면 장기자랑 시간에 반 대표로 꼭 앞에 나가 춤을 추었다.
초등학교 3학년 때부터 시작한 육상선수도
부모님의 허락도 받기 전 선수부에 합격하고 나서야 말씀을 드렸다.
체고에 가기 싫어 도망 다니던 시절, 다시는 운동 안 하겠다고 다짐해놓고도
20대 후반에 시작한 보디빌딩 선수…….
이 모든 것이 온전히 내가 하고 싶은 마음을 먼저 챙기고 살아온 결과이다.

하지 않고 후회할 바에 하고 후회하자.
무엇이든 먼저 시작하자고 어릴 적부터 마음먹었다.
그게 성장하는 과정에서 영향을 미친 듯하다.
어떤 일이든 내 마음이 이끄는 대로 하는 것.
그것에 현실에서는 물질적으로 힘들고, 외로운 길일지라도
내가 원하는 일을 했을 때 비로소 가슴이 뜨거워진다.

내가 가장 잘하는 것, 좋아하는 것, 하고 싶은 것, 해야 하는 것
이 네 가지를 충족하며 살아가고 있는 나는, 정말 행복한 사람이다.
여기까지 오는 시간 동안 정말 힘든 일도 많았지만,
내 마음속 중심을 놓지 않았다.
그저 편안한 것에 익숙해져 살아갔다면 결코 행복하지 않았을 것 같다.

앞으로의 살아갈 날들도 인정하고, 내려놓고, 실패하고를
몇 번이나 겪을지는 미지수이지만,
최소한으로 변수를 줄여 행복한 삶을 살아가기를 바란다.

나를 있는 그대로 인정하는 것이
후회하지 않을 행복한 삶을 살아가는 지름길임을 경험했기에
오늘도 나에게 묻는다.
나에게 거짓 없이 있는 그대로의 나를 인정하며 살았는지…….

요가는 그 면에서는 삶과 닮아 있다.
고통 없이, 실패 없이는 성공도 없고, 인정하지 않으면 발전도 없다.
그래서 요가는 내 삶을 살아가는 데, 내면을 단련하고 성장시키는 데
아주 많은 깨달음과 목적의 알아차림을 주는 운동이다.

제주에서의 요가와 내 삶은 떼려야 뗄 수 없는 관계가 되었다.
그래서 나는 오늘도 요가를 한다.
내 숨. 나를 알아차림. 인정. 내려놓음. 성장하기 위해서.

ON MY WAY
소망 그리고 소명

난 나의 길을 간다.
내 이야기를 잘 들어주는 남편이지만
때로는 무뚝뚝한 남편이 서운할 때도 있다.
두 딸의 엄마, 아내로서 살아가는 것도 행복하지만
난 내 인생을 살아가는 것도 포기하고 싶지 않다.
내면에 깊게 자리잡은 그 무언가,
나도 모르는 열정과 이루고 싶은 일들이 있다.
그건 아마도 내 소명, 숙명일지도 모르겠다.

많은 스케줄로 머리가 복잡할 때에 찾는 곳이 몇 군데 있다.
서울에서는 복잡한 마음과 머리를 정리할 때 꼭 찾는 곳이 있었다.
한강이다.

제주도로 온 이후로는 센터에서 가까운 도두항으로 간다.
하지만 그마저도 시간이 허락하지 않을 때에는
퇴근길 집에서 5분 거리인 항몽유적지를 찾는다.

전쟁이 났던 역사적인 장소 항몽유적지.
최후의 항쟁까지 버티고 지켰던 곳이어서인지 몰라도
이곳에 오면 보이지 않는 힘이 느껴진다.
많은 계단을 오르고 내리면서 생각도 정리하고
높은 언덕에서 날아가는 비행기를 바라보며 물구나무서기를 한다.
혹은 정자에 가만히 앉아 심호흡만 해도 좋다.
비가 오는 날에 와도, 햇살이 강하게 비추는 날에 와도 좋다.
봄이 오면 유채꽃이, 여름이 오면 수국과 해바라기가,
가을에 오면 코스모스가, 겨울에 오면 빨강 시클라멘이 피어
사계절 내내 예쁜 꽃을 만날 수 있다.
꽃을 보며 마음이 따듯해지고, 넓은 들판을 보며 마음의 여유를 찾고
집에 오는 길에 석양이 하늘을 빨갛게 물들이고…….
그렇게 집으로 오는 길에 나의 길을 잘 걸어가고 있는지 돌아보며
내가 이루고 싶은 일들을 다시 한 번 다짐한다.

내가 가진 달란트가 세계로 뻗어나가 선교를 하는 꿈.
언니가 이루고 싶었던 꿈과 내가 이루고 싶은 꿈이 합해져 만들어진
지금의 내 꿈은 마치 내 숙명과도 같이 느껴진다.
꼭 이루고 싶고,
이루어질 거라 믿는다.

그래서 오늘도 난 내 꿈을 향해 한걸음 전진한다.
내 꿈이 이루어지는 그날을 상상하며.
오늘이 모여 나의 꿈이 이루어지는 그날을 위해,
그 시작이 이곳 제주도임을 직감적으로 느끼고 있다.
그 꿈을 이루기 위해 나는 오늘도 조금씩 성장하고 있다.

선택과 집중
내가 선택한 삶

많은 일을 계획하고 실천해가면서 하루를 살아가고
내가 원하는 일들과 목표와 꿈들을 이루기 위해 열심히 살았다.
제주에 내려온 것도 온전히 내 선택, 그래서 힘들 때도 있지만 후회는 없다.

제주에서의 새로운 시작은
앞으로 살아갈 내 인생의 생각과 가치관을 완전히 바꾸어놓았고,
내가 해야 하는 운동의 목적의식과 지도할 때의 방향성을 완전히 바꾸어놓았다.
매번 최선을 다해야 하는 사업과 육아로
내가 선택하고 집중해야 할 일들에 대한 고민은 더 커지지만
그 선택한 것에 책임을 져야 하며, 뒤돌아보지 않고, 후회하지 않아야 한다.
이십대처럼 넘어지고 다시 일어설 용기와 시간이 그리 많지 않기에….
사십대의 인생을 시작하는 시점에서 어떻게 남은 내 인생의 시간을
지금까지 살아온 시간보다 더 현명하고 행복하게 살아갈지는 오로지 나의 몫이다.

직장에 다닐 때 선배들이 그랬다.
20대 때는 돈을 벌려고 하지 말고, 저축해서 여행 많이 다니라고.
많이 보고 듣고 배우고 그렇게 살라고…….
그리고 30대 때에는 돈을 벌어서 자기 계발하는 데 투자하라고 했다.
내 인생의 자양분이 될 시간을 많이 쌓으라고…….
40대가 되고 나니 선배들의 조언이 정말 고맙고,
진짜 인생은 마흔부터라는 말을 새삼 실감한다.
지금까지 살아온 40년보다 앞으로 살아갈 40년이 행복하기 위해서
어떤 선택을 하고 그 결정에 집중해야 하는지가 앞으로의 내 인생을 좌우할 것이다.

사람은 어떤 자리에서 무엇으로 불리며 살아가느냐에 따라 달라지는 법.
이젠 나 혼자 살아가는 것이 아닌 아내로서, 두 딸의 엄마로서,
사업을 하는 경영자로서, 그리고
누군가의 건강을 위해 운동을 가르치는 지도자로서 살아가는 데에도
내게는 새로운 계기가 절실했다.
더 좋은 사람들과 함께 성장하며 살아간다는
좋은 의미가 담긴 새로운 이름을 선택했다.

신소야로 제주에서 내 삶을 요가로 풀어내고 있는
매일을 살아가는 모든 순간 설렌다.
누가 뭐라 해도 지금까지 내가 하고 싶은 일들을 해왔고,
지금도 후회 없는 삶을 살아가려고 노력 중이다.
앞으로도 내가 하고 싶은 일을 하고, 보고, 느끼고, 배우며 살아갈 것이다.
어느 누구도 대신 살아주지 않는 내 삶, 내인생이니까.

제주의 자연과 하나되는 순간,
요가를 할 때다.

겨울의 요가
단련
DAILY TRAINING

겨울 요가 파트는 어디서나 요가 매트 한 장 깔 수 있는 공간이면
가능한 동작으로 이루어져 있다. 요가라고 해서 어렵고 거창하다는 부담감보다
데일리 스트레칭이라 생각하며 가볍게 다가가기를 바란다.
매일매일 움직임을 더해간다면, 움츠려 있는 겨울 동안
몸에 체지방이 쌓이지 않도록 도와줄 것이며, 따뜻한 봄이 오면
한결 가볍고 부드러워진 나를 만날 수 있을 것이다.

tip

모든 동작은 처음부터 욕심내지 않고, 내 몸이 가능한 동작부터 천천히 늘려가도록 한다.
내쉬는 숨에 몸이 이완될 수 있으므로 숨을 참지 말고 날숨을 조금 더 오래 부드럽게 호흡한다.
한 동작을 오래 하는 것보다 20~30초 정도 유지하고, 전체를 한 세트로 묶어서
2~3세트 반복하며 1주~3주 간격으로 세트를 늘려가는 것이 좋다.
몸을 쓰는 순서대로 동작을 나열했으니 순서를 지켜서 실시하는 것이 부상 예방에 좋다.

홈요가 01

—

호흡하기

가부좌 상태로 편안하게 앉는다. 양쪽 골반이 바닥에 닿아 있어야 한다.
허리를 길게 뻗어 척추 전체에 힘을 불어넣어주고
양손은 무릎 위에 편안하게 올려놓는다. 눈은 편안하게 감고 호흡에 집중한다.

홈요가 02

—

한 발 전굴자세

편안하게 앉은 상태에서 한쪽 무릎이 밖으로 향하도록 다리를 접어준다.
호흡은 내쉬며 척추를 길게 늘여주며 상체를 앞으로 숙인다.
이때 깊은 전굴자세를 완성하기 위해 등이 너무 굽지 않도록 하고,
뻗은 다리에 무릎이 접히지 않도록 한다. 반대 발도 같은 방법으로 실시한다.

홈요가 03

—

사이드로 늘리기 변형

파리브리타 자누시르사 아사나 Parivrittajanusirsasana

한쪽 발은 옆으로 뻗고 다른 쪽 발은 무릎을 접어 편안하게 앉는다.
뻗은 다리 반대쪽 손을 높이 들고 몸통을 뻗은 다리 쪽으로 기울인다.
몸통이 앞으로 무너지지 않도록 하고, 완성 자세는 머리가 무릎까지 내려와 닿는 것이지만,
무리하지 않는 선에서 천천히 동작을 완성해가도록 한다. 측면을 늘려줄 때에
시선은 정면을 바라보면 내쉬는 숨에 조금 더 깊게 내려간다. 반대쪽도 마찬가지로 실시한다.

홈요가 04

—

비둘기자세 변형

몸통이 정면을 향한 방향으로 한쪽 무릎은 앞으로 접어주고, 반대쪽을 뒤로 쭉 뻗어준다. 몸통이 한쪽 방향으로 돌아가지 않도록 하며, 뒤로 뻗은 쪽 골반이 뒤로 돌아가지 않도록 주의한다. 반대쪽도 실시하며, 더 타이트한 쪽은 한 번 더 실시해준다.

—

고관절이 타이트하거나 장요근(전면의 폴더라인)이 타이트하면 힘들 수도 있지만,
고관절과 햄스트링, 이상근을 이완시키는 데 아주 좋은 동작이다.
고관절의 움직임을 부드럽게 해주어 좌골신경통 예방과 완화에도 효과적이다.

홈요가 05

—

로우런지자세 변형

홈요가 04 동작에서 고관절과 이상근을 부드럽게 풀어주었다면
이제는 장요근을 풀어낼 차례다. 앞에 접은 다리를 세워 바닥에 짚고
뒤로 뻗은 다리는 더 길게 뻗어준다. 이때 힙이 들리지 않게 바닥으로 내려
지그시 눌러준다는 생각으로 내쉬는 숨에 조금씩 이완시킨다.
코어에 힘을 주고 집중한 상태에서 양손을 가슴 앞에 합장해본다. 양쪽 다 실시한다.

홈요가 06

—

코브라자세

부장가 아사나 Bhujangasana

홈요가 05 동작에서 장요근을 충분히 풀어냈다면 코브라 자세는 부드럽게 완성될 것이다.
바닥에 엎드려 양손은 쫙 펼쳐 가슴 옆에 한 손씩 짚어 어깨는 올라가지 않도록 한다.
들숨에 가슴을 들어올리고, 호흡을 부드럽게 내쉬며 양팔을 쭉 펴준다.
호흡은 편안하게 유지하고 고개를 뒤로 젖히는 것이 아닌, 턱을 하늘 위로 올려 길게 늘여준다.

–

갑상선 기능을 강화하는 데 도움이 되며, 몸통 전면을 이완하는 아주 좋은 동작이다.

홈요가 07

—

다운독자세 변형

캣앤독자세(네발자세)에서 양손을 바닥을 부드럽게 밀어주며 길게 뻗고,
상체(흉곽)도 바닥에, 턱도 바닥에 닿도록 한다.
힙은 위로 올려 가슴 뒤에 있는 견갑대가 양쪽으로 열리는 느낌으로
어깨에 긴장을 풀어준다. 숨을 충분히 내쉬며 동작을 유지한다.
하복부에 긴장을 풀지 않도록 한다.

홈요가 08

—

힙 브릿지 자세

바닥에 누운 상태에서 힙을 들어올린다.
햄스트링(허벅지 뒤쪽)과 둔근에 강한 수축을 하며
골반이 한쪽으로 기울어지지 않도록 한다.
중심을 잡았으면 한발은 앞으로 뻗어 들어올린다.
한 발로 중심을 잡기 때문에 한쪽 다리 안쪽과
바깥쪽 근육의 밸런스와 힘을 키우는 데 아주 좋은 동작이다.
반대쪽도 실시하며, 동작의 변형을 주고 싶을 때에는
발 아래 큰 쿠션을 대고 해도 좋다.

홈요가 09

—

누운 아기 자세

똑바로 눕는다. 등 전체가 바닥에 닿아야 하며,
양쪽 무릎을 접어 감싸 안듯이 가슴 앞으로 끌어온다.
몸 안의 안 좋은 공기를 빼낸다는 느낌으로 내쉬는 숨에
허벅지가 가슴에 닿도록 끌어오며,
하복부와 괄약근은 강하게 수축한다.

홈요가 10

—

쟁기자세

할라아사나Halasana

양쪽 다리를 가슴 앞에 끌어온 후 양손은 바닥을 짚어 힙을 들어 올린다.
이때 바닥에 짚었던 양손으로 허리를 받쳐준다. 발끝이 바닥에 닿도록 하며,
발끝이 머리 쪽으로 오도록 당겨주면
몸 뒤쪽에 더 강한 자극을 주어 스트레칭 강도가 세진다.
어깨에 긴장을 풀어주며 호흡이 중요한 동작이기에
호흡에 더 집중하며 동작을 실시한다.

홈요가 11

—

역물구나무자세 변형

살람바 사르방가아사나 Salamba Sarvangasana

홈요가 10에서 양손을 다시 허리를 받치고 양발은 천장으로 쭉 뻗어 올려준다.
물구나무서기와 같은 효과가 있고, 혈압이 높은 사람에겐 이 동작을 권한다.
사진에서처럼 허리 힘이 많이 약한 사람은
요가 휠 같은 것으로 요추를 받쳐주는 것도 추천한다.
내려올 때에는 양쪽 무릎이 이마에 오도록 한 뒤 양손을 바닥에 짚어
힙이 쿵 떨어지지 않도록 하복부에 끝까지 긴장을 풀지 않는다.

홈요가 12

—

휴 식 자 세

사바아사나Savasana

바닥에 등을 대고 눕는다. 온몸의 긴장을 풀고
양손과 양발, 양쪽 어깨의 긴장을 한 번 더 풀어준다.
눈을 지그시 감고 호흡도 편안하게 하며 휴식을 취한다.

제주에서 요가를 합니다

2019년 6월 20일 초판 1쇄 발행

지은이 • 신소야
펴낸이 • 이동은

편집 • 박현주
사진 • 유호종, 전현호, 김한글

펴낸곳 • 버튼북스
출판등록 • 2015년 5월 28일(제2015-000040호)

주소 • 서울 서초구 방배중앙로25길 37
전화 • 02-6052-2144 팩스 • 02-6082-2144

ISBN 979-11-87320-26-5 13590